中国少年儿童科学普及阅读文库

探索·科学百科™ 中阶

动物大迁徙

4级C1

[澳]安德鲁·恩斯普鲁克⊙著

边珂(学乐·译言)⊙译

Discovery
EDUCATION™

全国优秀出版社
全国百佳图书出版单位
广东教育出版社

广东省版权局著作权合同登记号

图字：19-2011-097号

本书原由 Weldon Owen Pty Ltd 以书名*DISCOVERY EDUCATION SERIES · On the Move*

（ISBN 978-1-74252-203-6）出版，经由北京学乐图书有限公司取得中文简体字版权，授权广东教育出版社仅在中国内地出版发行。

图书在版编目（CIP）数据

Discovery Education探索·科学百科. 中阶. 4级. C1，动物大迁徙/［澳］安德鲁·恩斯普鲁克著；边珂（学乐·译言）译. —广州：广东教育出版社，2014.1

（中国少年儿童科学普及阅读文库）

ISBN 978-7-5406-9473-9

Ⅰ.①D… Ⅱ.①安… ②边… Ⅲ.①科学知识－科普读物 ②动物－迁徙－少儿读物 Ⅳ.①Z228.1 ②Q958.13-49

中国版本图书馆 CIP 数据核字 (2012) 第167667号

Discovery Education探索·科学百科（中阶）
4级C1 动物大迁徙

著 ［澳］安德鲁·恩斯普鲁克　　　译 边珂（学乐·译言）

责任编辑 张宏宇 李 玲 丘雪莹　　**助理编辑** 李倩倩 于银丽　　**装帧设计** 李开福 袁 尹

出版 广东教育出版社
　　　地址：广州市环市东路472号12-15楼　邮编：510075　网址：http://www.gjs.cn
经销 广东新华发行集团股份有限公司　　　　　　　**印刷** 北京顺诚彩色印刷有限公司
开本 170毫米×220毫米　16开　　　　　　　　　　　**印张** 2　　　　**字数** 25.5千字
版次 2016年5月第1版 第2次印刷　　　　　　　　　**装别** 平装
　　　　　　　ISBN 978-7-5406-9473-9　　定价 8.00元

内容及质量服务 广东教育出版社 北京综合出版中心
　　　　　电话 010-68910906 68910806　　网址 http://www.scholarjoy.com
质量监督电话 010-68910906 020-87613102　　**购书咨询电话** 020-87621848 010-68910906

Discovery Education 探索·科学百科（中阶）

4级C1 动物大迁徙

全国优秀出版社
全国百佳图书出版单位

广东教育出版社

目录 | Contents

动物为什么迁徙?

自然界中的动物由于各种各样的原因而迁徙。有些动物是因为季节更迭,要赶在天气变化之前找到更适合生存的地方。有些动物则是由于觅食的原因而迁徙,它们或是沿途寻找食物,或是因为季节交替,别处的食物更加丰盛。如果由于寒冷、干旱或者种群数量激增导致食物短缺,动物们就会去别处觅食。

还有些动物迁徙是为了寻找配偶并繁育后代。它们会选择那些有某种特定的食物来源或者可以保护自己安全繁育后代的地方。

斑马

每年都有成千上万只斑马加入到地球上最为壮观的迁徙大军中。它们随着降水向东南方行进,穿越 3 200 千米的土地,到坦桑尼亚和肯尼亚境内寻找青草和水源。

加拿大黑雁

加拿大黑雁一年迁飞两次，一次在春天，一次在秋天。它们以独特的"V型雁阵"著称，这种阵型可以帮助它们节省体力。如果是顺风而行，加拿大黑雁一昼夜就可以飞行2 400千米以上。

迁徙的类型

动物们有着不同的迁徙方式。有些动物来来回回地搬家，有些动物则是一去不复返。这取决于动物寿命的长短以及它们迁徙的原因。

繁殖地　繁殖地　繁殖地　繁殖地

单程迁徙

进行单程迁徙的动物会集体搬到新家生活，常见于昆虫，例如蚂蚁和蜜蜂。

繁殖地　繁殖地　繁殖地　繁殖地

流浪迁徙

流浪迁徙的动物一生中会在多个地方繁殖。某些物种，例如虎皮鹦鹉或斑胸草雀，仅在条件（例如降水）适宜的情况下才有可能会回到以前待过的地方。

繁殖地　　　　冬季或旱季的居住地

往返迁徙

往返迁徙是大家最为熟悉的迁徙类型。一些动物，比如加拿大雁在一年中要在两个地方分别生活一段时间，定期往返。

中途觅食停歇地　第二代　冬季或旱季的居住地　第一代

循环迁徙

循环迁徙与往返迁徙相似，但是动物在途中会因觅食而稍作停留；而且循环迁徙周而复始，旅途没有尽头。斑马和牛羚（又名角马）的迁徙就属于循环迁徙。

马赛马拉国家
自然保护区

肯尼亚
坦桑尼亚

马拉河

9~11月

8月

11月

7月

格鲁美地河

6月

塞伦盖蒂
国家公园

烟巴拉盖蒂河

5月

12月

4月

塞伦盖蒂平原

恩杜图湖

1~3月

7~8月

　　7月间，牛羚群要蹚过危机四伏的格鲁美地河，面临着淹死和被鳄鱼吃掉的危险。那些幸存下来的牛羚会继续深入到肯尼亚至达拉迈三角洲和马拉三角洲繁茂的草原。在那里，牛羚群还要穿过暗藏杀机的马拉河。

4~6月

　　牛羚在浩浩荡荡的迁徙大军中前行。它们穿过降雨频繁的地区，向西北方塞伦盖蒂的草原和林地进军。6月降水逐渐减少，牛羚开始交配。

1~3月

　　一年中的这个时候，牛羚生活在塞伦盖蒂平原和恩戈罗恩戈罗自然保护区。2月初前后，在大约3周左右的时间里，母牛羚会生下小牛羚。这一时期会引来狮子，因此异常危险。

9~12 月

从 9 月开始，大量的牛羚群开始驻留在马拉平原。11月时，它们要动身向南走，返回塞伦盖蒂和恩戈罗恩戈罗，母牛羚将在那里诞下新的生命。

交配竞争

走到塞伦盖蒂平原西部时，牛羚要进行交配。公牛羚要相互竞争，以抓住与母牛羚交配的最佳机会。

牛羚

在非洲，每年有超过 100 万头牛羚进行大迁徙。这趟 2 900 千米的旅程途经坦桑尼亚的塞伦盖蒂平原、肯尼亚的马赛马拉国家自然保护区，直到坦桑尼亚的恩戈罗恩戈罗自然保护区，再返回塞伦盖蒂平原。它们总是沿顺时针方向循环迁徙。由于季节和外界情况的变化，每年的迁徙路线会稍有不同。

牛羚会和斑马、鸵鸟一起行动。牛羚的听觉极佳，但是视觉和嗅觉不太灵敏，而鸵鸟拥有良好的视觉，具有敏锐的嗅觉。它们一路相伴，相互提醒，警惕着捕食者的袭击。

座头鲸

座头鲸是一种体型巨大、动作优雅的海洋哺乳动物，它们的长途旅行是南北纵向行进，要穿越半个地球。座头鲸在靠近赤道的温暖海域中交配产仔，然后游向两极地区，那里有它们的食物——磷虾。

座头鲸跃出水面

座头鲸可以做出令人惊叹的"鲸跃"。它们先是破水而出，向后翻转一周，然后背朝下落回水中，激起巨大的水花。科学家认为"鲸跃"是一种相互交流的行为，可能是一种警告，也可能是借此向其他同类宣告自己的存在。

鲸

并非所有的动物迁徙都发生在陆地上。很多迁徙是在海洋中进行的，鲸就是一个很好的例子。与众多的候鸟相似，鲸每年会游行数千千米。它们去找寻适合自己生活的水域，那里要么有可口的食物，要么适宜交配。

作为恒温哺乳动物，鲸对周围海水的温度很敏感。海水温度会随季节更替而发生变化，这就迫使鲸进行迁徙。季节的更替还会影响食物的数量，例如在寒冷的冬季，食物就会减少。

南露脊鲸

尽管南露脊鲸没有座头鲸迁徙的距离远，但是它们每年也要游行数千千米。南露脊鲸与其他鲸类一样，到 19 世纪中期，已被人类过度捕杀而濒临灭绝，数量从 10 万头锐减到 4 千头。人们从 1936 年开始对这些鲸进行保护，即便如此，它们的数量仍不能完全恢复。

迁徙路线

鲸在海洋中迁徙的路线和陆地动物以及鸟类一样是有规律可循的。它们一般不会穿越赤道，而是在其出生的那个半球（北半球或南半球）生活。

北美洲　　欧洲　　亚洲
大西洋　　　　　　太平洋
非洲
太平洋　　南美洲
　　　　　　印度洋　　大洋洲
南极洲

图例

→ 座头鲸
→ 南露脊鲸

蜻蜓

世界上大约有 400 种蜻蜓，科学家认为其中只有约 12 种蜻蜓会迁徙。科学家在蜻蜓身上加装无线电发射器，研究结果显示，在秋天，这些蜻蜓会向南飞。它们从美国北部和加拿大南部飞向墨西哥、加勒比地区和美国南部。它们的后代会在下一个春天北上。

蝗虫与其他昆虫

蝗虫是一种草蜢，它们时常会形成铺天盖地的蝗群，席卷大地，将植物啃食一空，因此声名狼藉。一只飞蝗每天可以吃下与其体重相当的植物。成千上万只蝗虫聚集成的蝗群会带来毁灭性的灾难，尤其是对农田和植物，它们会不断地四下搜寻食物。

蝗群可以绵延数百千米，在空中叠加到将近 1.6 千米的高度。风可以助蝗群一臂之力，托着它们进行迁徙，直到重力太大，它们才又降回地面。

其他会迁徙的昆虫

美国的一种加利福尼亚瓢虫生活在山谷中。但是到了夏季，一个月大的成虫要迁往内华达山。草蜢和叶蝉也同样从一处迁往另一处。

叶蝉

草蜢

瓢虫

蝗群的形成

蝗虫一般独居生活，但是适宜的条件（例如雨水充足）会促使它们的数量增长。随着蝗虫聚集成群，它们的身体也在发生着变化：身体上出现黑色和黄色的花纹，肩部变宽，翅膀变长。

北极

图例

迁徙路线

非洲

繁殖地

北极燕鸥的繁殖地位于靠近北极的一片幅员辽阔的地域，包括加拿大、美国阿拉斯加、冰岛、格陵兰岛和俄罗斯。天气转冷时，它们向南飞往南极洲，那里天气更加温暖，食物也更充足。

南美洲

纪录保持者

2005年,科学家通过追踪标签发现,灰鹱（hù）的飞行纪录是6.4万千米，是北极燕鸥飞行距离的两倍。但是2010年开始的新的追踪研究显示，北极燕鸥仍然是迁徙冠军，它们的迁徙距离几乎是鹱的两倍。

北极燕鸥

成对生活
雄鸟和雌鸟一生相伴。它们有着复杂的求偶行为，包括特别的飞行行为以及贡献食物。

北极燕鸥是世界上最伟大的迁徙动物之一。这种神奇的鸟体重刚过 100 克，体长 38 厘米，翼展 79 厘米。可它每年竟要在两极之间飞个来回。从北极飞到南极，又从南极飞回北极的往返旅程长达 8 万千米。

北极燕鸥每年可以尽情享受两个夏天，比其他的动物经历更多的白昼。它们大约能活 34 年，这意味着在其一生之中，要飞行 240 万千米，相当于从地球到月球来回三趟。

喂食雏鸟
北极燕鸥以鱼为食。它们在海水上方盘旋，瞅准猎物之后就扎入水中将其捉住。

受精卵

受精卵
　　雌鱼将受精卵埋在河床的沙砾坑中。成千上万的卵会在这里安全地发育成熟。

卵黄囊

初孵仔鲑
　　60~200 天之后，这些卵孵化了。幼小的仔鲑仍生活在沙砾中，以它们的卵黄囊中储存的养料为生。

产卵

正在产卵的鲑鱼
　　经历了一番长途旅行之后，鲑鱼已非常疲倦，但此时还得争夺配偶。其产卵只有短短数分钟。

迁徙路线图
　　一些鲑鱼需要游 3200 千米以上才能到达它们的产卵场。

图例
　　迁徙路线图

北美洲　欧洲　亚洲
大西洋　非洲
太平洋
南美洲　印度洋
大洋洲
南极洲

腾跃而上

成年鲑

溯游而上
　　洄游的过程困难重重，一方面要顶着湍急的河流逆水而行抵达上游，另一方面还要避开捕食者，比如熊。

成年鲑
　　成年鲑在大海中储存了足够的养分后，就会洄游到淡水河中，准备交配。

稚鲑

幼鲑

　　有些稚鲑会立刻游向大海，而其他稚鲑则在出生地等待和成长，也许是几周，也许是一年，甚至是长达 5 年之后它们才会顺流而下。

稚鲑

　　年幼的鲑鱼称为稚鲑，它们离开沙砾，游入河水中。

鲑鱼的生活史

鲑鱼的迁徙历时数年。它们生于淡水河，然后游到大海。1~8 年之后，鲑鱼会历经艰难险阻，长途跋涉返回到它们出生的那片水域，并在那里产卵，于是下一代鲑鱼的生活开始了。

　　太平洋鲑鱼通常在产卵后很快死亡，而许多大西洋鲑鱼还可以返回大海，几年后再回来产卵。

银化

　　银化是鲑鱼身体发生改变的一个过程，这个过程使得鲑鱼得以在咸水中生活。

二龄鲑

在海中生活

虎鲸

生活在海中的鲑鱼

　　鲑鱼会在海里生活数年，它们逐渐长大并为自己的艰难返乡之旅做着准备。

捕食者

　　在海里，鲑鱼要面对各种捕食者的威胁，比如其他鱼类、鸟类、海豹、鲸等。

大象

大象几乎每天都要行走几千米，一天最远可以走 80 千米，它们似乎生来就擅长旅行。尽管大象不能飞奔也不会跳跃，但是它们的迁徙速度最快能达到 40 千米 / 小时。

大象迁徙的距离取决于其所生活的环境。丛林里的大象身边食物丰富，所以一般无需长途跋涉；而生活环境并不优越的大象，例如在热带草原或平原上生活的大象，想要吃饱就必须走更远的路，尤其是在干旱时节。

千里之行，始于足下

大象的脚很适合行走。圆圆的脚掌上长着 3~5 个脚趾，脚趾的数目取决于大象的种类。脚掌下面的肉垫可以起到缓冲作用。当大象将重心移到某只脚上时，那只脚就会变大；当重心换到另一只脚上时，刚才那只脚又会恢复成原状，这样，大象就不会陷入泥中。

走过两季

　　大象搬家随季节而变。在交配和产仔的雨季里，大象散布于热带稀树草原和其他草原之中。到了旱季，它们就聚拢到湖、水塘、沼泽和泥塘周围。一旦大象找到水源，它们每天要痛饮大约 100 升水——对于一头成年大象来说，这相当于用鼻子吸满 7 次水。

水塘边的大象

不可思议！

　　迁徙期间，每个家庭都由一位"女族长"带领，这头母象可能已有 70 岁高龄。她会帮助象群记住几百平方千米内的那些最佳的觅食饮水地。

海龟

所有的雌海龟都要离开水到陆地上寻觅一块可以下蛋的地方。有些雌海龟只需要游到附近的河岸上下蛋。但是，所有的雌海龟都得迁徙回到它们的出生地。这趟旅程可长达数百千米，旅行的终点是一片沙滩或是更远的内陆，在那里雌海龟将蛋产在自己挖好的坑中。

海龟其实算不上好妈妈。刚一下完蛋，它们就回到海水中，任其自行孵化。小海龟破壳而出后，一切就都要靠自己了。

危险之旅

小绿海龟们要自己把沙子扒开，爬到外面它们通常是等到天黑才快速爬向大海，这样就可以避开陆地上的捕食者，比如螃蟹。到了海水里它们还要躲避鲨鱼和其他威胁。

求偶和交配

雄海龟和雌海龟在海中交配。求偶行为有咬颈，摩擦头部，可能还会咬住后肢。如果雌海龟有所回应，在接下来的大约 6 小时里它们会进行交配。交配两周后，雌海龟就要准备登陆了。

海龟的生活史

　　对于雄海龟，生活就是从陆地到海洋的单程旅行。但是对于雌海龟，在海中每隔几个月就要进行一次短途旅行，上岸产蛋。雌海龟不照顾小海龟，因此它们会产下很多蛋，以此增加小海龟最终存活下来并长大的机会。

下蛋
　　雌海龟爬到岸上，挖一个洞，下完蛋后，再用沙子把蛋盖起来。

相会
　　雄海龟和雌海龟为繁殖后代，在海中进行求偶行为。

交配
　　一只雌海龟会和多只雄海龟交配，并把精子储存起来，这样就可以多次受精，多次产蛋。

成长
　　成功抵达大海的小海龟会在大海中生长，发育，成熟。

刚孵化的小海龟
　　小海龟孵化出来，它们钻出沙子，爬向大海。

挖呀挖
　　雌绿海龟为了即将产下的大约 100 个蛋，要在沙滩上挖出一个 1 米深的坑。它要挖得足够深，因为深处的温度和湿度比较恒定，适宜蛋孵化。产完蛋后，它会用沙子把蛋盖好，然后返回大海，任其自行孵化。

蝴蝶与飞蛾

相对于蝴蝶的娇小体型来说，它们迁徙的距离已经算是很长了。蝴蝶可以像鸟一样在空中飞行，寻找心仪的环境，那里有更充足的食物以及更好的天气，或是适合交配和产卵。

但是蝴蝶和鸟类的迁徙有一个很大的差别。成年鸟类一般是往返迁徙，也就是说它们搬走了还会搬回来。而蝴蝶的寿命通常很短暂，所以它们多数是有去无回的，但它们的后代会回到父母启程的地方。事实上，可能要好几代蝴蝶才能迁徙一个来回。

小红蛱蝶

其他会迁徙的蝴蝶

很多蝴蝶都会随季节迁徙。小红蛱蝶每年都会利用风向从非洲飞往西班牙。同样，菜粉蝶每年要从欧洲大陆飞过数百千米抵达英国。人们发现，蝴蝶可以利用太阳来导航。

图例

- 🔵 东部越冬地
- 🟢 东部避暑地
- 🟣 西部越冬地
- 🟪 西部避暑地

- 🔴 第 1 代
- 🟠 第 2 代
- 🟡 第 3 代
- 🟨 第 4 代

飞蛾

博贡蛾

飞蛾与蝴蝶具有亲缘关系，它们也会进行迁徙。例如，著名的澳大利亚博贡蛾，为了避开澳大利亚东南部的酷暑，会飞往新南威尔士州的维多利亚阿尔卑斯山和大雪山。它们在夜间飞行，白天则聚集在黑暗的山洞和岩缝中。

飞过千山万水

帝王蝶一天可以飞行 80 千米，整个旅程长达 5 000 千米。帝王蝶的寿命通常在 2~6 周，但是在夏末出生的帝王蝶寿命较长。这些帝王蝶向南飞到墨西哥城附近的山中过冬。冬去春来，它们又开始返程之旅，最终可以存活大约 8 个月。

鲤鱼

像鲑鱼一样，很多种类的鲤鱼也是在海水和淡水中往返度过一生的。欧洲鳗鱼和美洲鳗鱼因在一个很特殊的地点——北大西洋的马尾藻海产卵而闻名。

1. 产卵

发育成熟的鳗鱼在马尾藻海中产下鱼卵。这些卵（以及孵化出的仔鳗）会随墨西哥湾暖流向东北方向漂流。这个过程可能长达3年。

2. 幼鳗

幼鳗要经历巨大的变化。起初，它们的身体几乎是透明的，称为玻璃鳗。玻璃鳗的皮肤缓慢着色，最终游到淡水河中成为鳗线，小小的鳗线已显出成年鳗鱼的雏形。

墨西哥湾暖流

加那利寒流

欧洲鳗鱼生活区域

马尾藻海产卵地

图例

加那利寒流

墨西哥湾暖流

3. 成年鳗

成年鳗要在淡水中生活6~20年。在这里它们生长、发育、成熟，变成我们所说的银鳗。

强大的洋流

马尾藻海是一个很有意思的地方，因为它被几股势力强大的洋流所包围：墨西哥湾暖流、北赤道暖流、加那利寒流和北大西洋暖流。这些洋流会帮助鳗鱼进行迁徙。

4. 迁徙

当银鳗即将产卵时，它们会顺流而下进入大海。迁徙过程中它们不吃任何东西，仅靠体内储存的能量穿越海洋。到达马尾藻海后，它们开始产卵，然后死亡。

带标签的龙虾

科学家使用三种标签来研究龙虾的迁徙，分别是附在壳上的体外标签、记录身体活动的体内标签和用来追踪监控的声波标签。

真实导航

研究显示，刺龙虾具有真正的导航系统。这意味着它们既不需要辨认周围环境，也无需依赖沿途或在目的地收集的信息，就可以知道自己的方位。

图例
- ▶ 大西洋龙虾
- → 加勒比海龙虾

龙虾

提到迁徙动物，你多半不会想到龙虾。然而，龙虾不仅迁徙，而且还深谙此道。研究显示，加勒比海的刺龙虾可以通过地球磁场知道自己身处何方，即使这片水域它们从未来过。

刺龙虾在秋天迁徙，人们认为是夏秋季节的暴风雨拉开了它们迁徙的序幕。

长蛇阵

神奇的是，这些没有螯的刺龙虾会首尾相接，在海底摆开一条蔚为壮观的长蛇阵。

鸟类

每 年全球各地羽翼丰满的鸟儿都会飞向天空进行一年一度的迁徙。它们选择的迁徙路线各不相同，有些很复杂，有些很简单。从一个特定的繁殖地到一个特定的越冬场所的路线就叫做迁徙路线。这些路线汇集在一起就形成了庞大的空中高速公路，我们称其为迁飞路线。全世界共有 10 条主要的迁飞路线。这些路线通常是南北向的，沿途多自然景观，例如山峦、河谷或是海岸线。这些地方为鸟儿提供了歇脚之处，鸟儿可以在此休息和觅食。

棕煌蜂鸟

棕煌蜂鸟为了越冬，会从美国阿拉斯加迁飞到墨西哥，7、8 月间它们要穿越落基山脉，采食那里各类野花的花蜜。

澳南沙锥

澳南沙锥在日本繁殖，然后迁飞到澳洲南部，在东南部的海岸地区和塔斯马尼亚岛过冬。

漂泊信天翁

漂泊信天翁拥有鸟类中最长的翼展，它们翱翔于南冰洋的蓝天中。漂泊信天翁可以在空中滑翔数小时而无需扇动翅膀。

短尾鹱

短尾鹱在澳大利亚东南部繁殖，每年迁飞两次，一次飞往太平洋，另一次飞往南极洲。

白鹳

白鹳可以利用上升暖气流（上升的热空气柱）从黑海飞往地中海。翱翔是一种节省能量的飞行方法。

家燕

家燕是很常见的鸟类，它们在北美洲、欧洲和北亚地区繁殖，在南美洲、非洲、东南亚和澳大利亚北部越冬。

绿翅鸭

绿翅鸭是常见的鸭类，在欧洲和亚洲的很多地方进行繁殖。绿翅鸭身上有标志性的翠绿色色带，它们从黑海飞到地中海越冬。

美洲隼（sǔn）

美洲隼是小型隼类，在北美洲繁殖，飞到南部越冬。它的飞行路线不经过山脉，而且途中食物和水源充足。

渡河

在非洲，斑马、鸵鸟和牛羚大迁徙时要穿越两条大河——格鲁美地河及马拉河。鳄鱼们在那里静静地等待着，希望能捕获前来饮水或游泳的迁徙动物，享受一顿美餐。

地松鼠

地松鼠有不少天敌，虽偶尔搬家也会提心吊胆。天空中有虎视眈眈的老鹰、鸢鸟和隼，地面上还有伺机出动的土狼、狐狸、黄鼠狼和獾。

迁徙中的危险

动物们想要生存就得时刻警惕。迁徙意味着很多动物会在同一时间聚集在同一地点。

虽然和大部队待在一起，保持赶路少做停留通常比较安全，但是迁徙仍然会使这些动物成为捕食者垂涎的目标。

捕食者往往对动物们迁徙和中途休息的时间、地点了如指掌，知道在哪里更容易得手。或者它们干脆一路尾随迁徙大军，专找那些腿脚不便或者脱离队伍的不幸者下手。

军心大乱

当旅鼠群体数量激增时，它们就开始搬家。然而并不像有些人认为的那样，旅鼠不会集体自杀。事实上，是同一时间、同一地点——峭壁、河流和大岩石上迁徙的队伍过于庞大，导致了瓶颈效应。惊慌失措的旅鼠们相互踩踏，造成了大规模的伤亡。

旅鼠

蟾蜍（chán chú）

尽管蟾蜍的迁徙路线只有区区两三千米，却经常险象环生。它们必须穿过公路，因而常会被行驶的车辆轧死。每年，都会有 22 吨的蟾蜍死在英国的公路上。

知识拓展

鲸跃 (breaching)
某些鲸做出的破水而出，向后翻转一周，然后背朝下，落回水中的动作。

迁飞路线 (flyways)
候鸟通常选择的迁徙路线。

稚鲑 (fry)
从初孵仔鲑发育而成的年幼的鲑鱼，但是尚未发育成为完全成熟的成年鲑。

幼体 (hatchlings)
某些动物，例如鲑鱼、海龟等刚从卵或者蛋中孵化出来。

孵化 (incubate)
使蛋保持温暖直到幼体准备好破壳而出。

红隼 (kestrel)
隼科隼属几种小型猛禽之一。因猎食时具有翱翔性而著名。以大型昆虫、鸟和小型哺乳动物为食。

磷虾 (krill)
一种长得像虾的动物，是座头鲸的食物。

蝗虫 (locusts)
属于草蜢，因群飞并降落啃食大面积植物而臭名昭著。

交配 (mating)
一种动物的雄性和雌性相互结合来产生后代的行为。

迁徙 (migration)
动物由于繁殖、觅食、气候变化等原因而进行的一定距离的迁移。

迁徙路线 (migration route)
迁徙动物从繁殖地去往越冬场所采用的旅行路线。

导航 (navigate)
引导一个对象有目的地从一个地方去往另一个地方。

流浪 (nomadic)
过着定期搬家的生活。

色素 (pigment)
动物皮肤中使其呈现出颜色的物质。

银化 (smolting)
一种变化，使得鲑鱼可以在海水中生活。

产卵 (spawn)
在水中产生并排出大量的卵。鱼和蛙等动物使用这种生殖方法。

精子 (sperm)
交配期间由雄性排出的生殖细胞。

燕鸥 (tern)
一种类似海鸥，体型更加纤细的鸟类。

上升暖气流 (thermals)
上升的热空气柱。

发射器 (transmitter)
一种发送信号的电子设备。

真实导航 (true navigation)
既不需要辨认周围环境，也无需依赖沿途或在目的地收集的信息，就可以导航。

恒温 (warm-blooded)
用来描述保持体温恒定的动物。

牛羚 (wildebeest)
一种生活在非洲草原上的大型食草动物，又名角马。

探索·科学百科™

◉Discovery EDUCATION™

· 世界科普百科类图文书领域最高专业技术质量的代表作 ·

小学《科学》课拓展阅读辅助教材

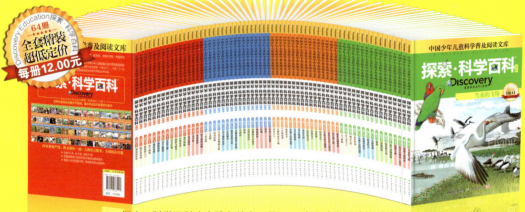

64册
全套精装
超低定价
每册12.00元

中国少年儿童科学普及阅读文库

探索·科学百科

Discovery Education探索·科学百科（中阶）丛书，是7~12岁小读者适读的科普百科图文类图书，分为4级，每级16册，共64册。内容涵盖自然科学、社会科学、科学技术、人文历史等主题门类，每册为一个独立的内容主题。

Discovery Education
探索·科学百科（中阶）
1级套装（16册）
定价：192.00元

Discovery Education
探索·科学百科（中阶）
2级套装（16册）
定价：192.00元

Discovery Education
探索·科学百科（中阶）
3级套装（16册）
定价：192.00元

Discovery Education
探索·科学百科（中阶）
4级套装（16册）
定价：192.00元

Discovery Education
探索·科学百科（中阶）
1级分级分卷套装（4册）（共4卷）
每卷套装定价：48.00元

Discovery Education
探索·科学百科（中阶）
2级分级分卷套装（4册）（共4卷）
每卷套装定价：48.00元

Discovery Education
探索·科学百科（中阶）
3级分级分卷套装（4册）（共4卷）
每卷套装定价：48.00元

Discovery Education
探索·科学百科（中阶）
4级分级分卷套装（4册）（共4卷）
每卷套装定价：48.00元